来发现吧，来思考吧，来动手实践吧
一套实用性体验型亲子共读书

9

365数学

趣味大百科

日本数学教育学会研究部 著
日本《儿童的科学》编辑部 著

卓 扬 译

九州出版社
HUZHOUPRESS

图书在版编目（CIP）数据

365 数学趣味大百科 . 9 / 日本数学教育学会研究部，
日本《儿童的科学》编辑部著；卓扬译 . -- 北京 : 九
州出版社， 2019. 11（2020. 5 重印）

ISBN 978-7-5108-8420-7

Ⅰ . ① 3… Ⅱ . ①日… ②日… ③卓… Ⅲ . ①数学—
儿童读物 Ⅳ . ① 01-49

中国版本图书馆 CIP 数据核字（2019）第 237291 号

著作权登记合同号：图字：01-2019-7161

来自 读者 的反馈
（日本亚马逊 买家 评论）

id: Ryochan

　　关于趣味数学的书有很多，像这种收录成一套大百科的确实不多。书里介绍了许多数学的不可思议的方法和趣人趣闻。连平时只爱看漫画类书的孩子，不用催促，也自顾自地看起了这本书。作为我个人来说，向大家推荐这套书。

id: 清六

　　这是我和孩子的睡前读物。书里的内容看起来比较轻松，也相对浅显易懂。

id: pomi

　　一开始我是在一家博物馆的商店看到这套书的，随便翻翻感觉不错，所以就来亚马逊下单了。因为孩子年纪还小，所以我准备读给他听。

id: 公爵

　　孩子挺喜欢这套书的，爱读了才会有兴趣。

匿名 ─────────────────────────────

　　这是一套除了小孩也适合大人阅读的书，不少知识点还真不知道呢。非常适合亲子阅读。

 匿名 ─────────────────────────────

　　给侄子和侄女买了这套书。小学生和初中生，爸爸和妈妈，大家都可以看一看。

 id: GODFREE ─────────────────────────

　　从简单的数字开始认识数学，用新的角度发现事物的其他模样，这套书让孩子尝试全新的探索方式。数学给我们带来的思维启发，对于今后的成长也大有裨益。

 id: Francois ─────────────────────────

　　我是买给三年级的孩子的。如何让这个年纪的孩子对数学感兴趣，还挺叫人发愁的。其实不只是孩子，我们家都是更擅长文科，还真是苦恼呢。在亲子共读的时候，我发现这套书的用语和概念都比较浅显有趣，让人有兴致认真读下来。

 id: NATSUT ─────────────────────────

　　我是小学高年级的班主任。为了让大家对数学更感兴趣，我为班级的图书馆购置了这套书。这套书是全彩的，有许多插画，很适合孩子阅读。

目　录

图标介绍 计算中的数学 测量中的数学 图形中的数字 规律中的数字 历史中的数学 生活中的数学 数学名人小故事 游戏中的数学 体验中的数学

目 录

3ᶠ

2ᶠ

1ᶠ

本书使用指南

图标类型

本书基于小学数学教科书中"数与代数""统计与概率""图形与几何""综合与实践"等内容，积极引入生活中的数学话题，以及"动手做""动手玩"的内容。本书一共出现了 9 种图标。

计算中的数学

内容涉及数的认识和表达、运算的方法与规律。对应小学数学知识点"数与代数"：数的认识、数的运算、式与方程等。

测量中的数学

内容涉及常用的计量单位及进率、单名数与复名数互化。对应小学数学知识点"数与代数"：常见的量等。

规律中的数学

内容涉及数据的收集和整理，对事物的变化规律进行判断。对应小学数学知识点"统计与概率"：统计、随机现象发生的可能性；"数与代数"：数的运算等。

图形中的数学

内容涉及平面图形和立体图形的观察与认识。对应小学数学知识点"图形与几何"：平面图形和立体图形的认识、图形的运动、图形与位置。

历史中的数学

数和运算并不是凭空出现的。回溯它们的过去，有助于我们看到数学的进步，也更加了解数学。

生活中的数学

数学并不是禁锢在课本里的东西。我们可以在每一天的日常生活中，与数学相遇、对话和思考。

数学名人小故事

在数学历史上，出现了许多影响世界的数学家。与他们相遇，你可以知道数学在工作和研究中的巨大作用。

游戏中的数学

通过数学魔法和益智游戏，发掘数和图形的趣味。在这部分，我们可能要一边拿着纸、铅笔、扑克和计算器，一边进行阅读。

体验中的数学

通过动手，体验数和图形的趣味。在这部分，需要准备纸、剪刀、胶水、胶带等工具。

作者

各位作者都是活跃于一线教学的教育工作者。他们与孩子接触密切，能以一线教师的视角进行撰写。

阅读日期

可以记录下孩子独立阅读或亲子共读的日期。此外，为了满足重复阅读或多人阅读的需求，设置有 3 个记录位置。

日期

从 1 月 1 日到 12 月 31 日，每天一个数学小故事。希望在本书的陪伴下，大家每天多爱数学一点点。

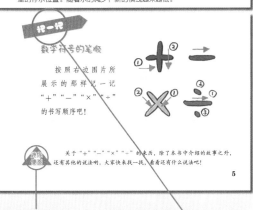

迷你便签

补充或介绍一些与本日内容相关的小知识。

引导"亲子体验"的栏目

本书的体验型特点在这一部分展现得淋漓尽致。通过"做一做""查一查""记一记"等方式，与家人、朋友共享数学的乐趣吧！

计算中的数学

知道 "÷9" 的余数

9月
01日

青森县 三户町立三户小学

种市芳丈 老师撰写

| 阅读日期 | 月 | 日 | 月 | 日 | 月 | 日 |

关于除数是9的除法

在加减乘除当中，除法的运算，总是让人觉得比较麻烦。当除数是9的时候，有一种方法可以快速判断出余数。

如图1所示，请思考一下这3道题目的余数各是多少。给大家一个提示，仔细观察被除数。发现规律了吗？

图1

① $152 \div 9 = 16$ 余 8

② $205 \div 9 = 22$ 余 7

③ $772 \div 9 = 85$ 余 7

实际上，把被除数每个数位的数字相加，得到的和就等于余数。比如题目①，$1 + 5 + 2 = 8$；题目②，$2 + 0 + 5 = 7$。

等一下！题目③，$7 + 7 + 2 = 16$，答案和余数可不一样了吧？

当每个数位数字相加之和大于或等于9时，需要先减去9，再进行判断。$16 - 9 = 7$，这不是和余数相同了嘛。

为什么能知道余数？

为什么把被除数每个数位的数字相加，和就会等于余数呢？这是利用了 100 或 10 除以 9 的余数是 1 的特点。假设把题目①的被除数 152 用方格来表示，可以得到图 2。

如图 2 所示，152 除以 9 的余数，就等于每个数位的数字相加之和。

关于除数是 9 的除法，具有这样有趣的特性。

图 2

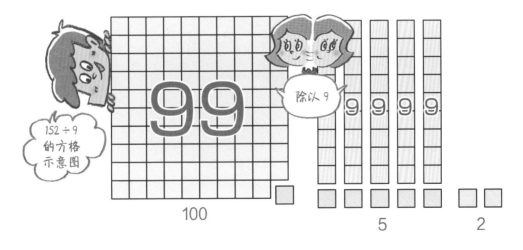

利用除法的这一特性，还能进行验算。比如，账务审查中可使用"除九法"，即误差除以 9 的方法，来查找出因数字记错数位和数字前后颠倒引起的差错。

测量中的数学

用三角板画出各种各样的角

神奈川县　川崎市立土桥小学
山本直老师撰写

阅读日期　月　日　月　日　月　日

三角板各角的度数

大家使用的三角板，通常分为等腰直角三角板和细长三角板两种类型。

等腰直角三角板的三个角分别是 90°、45°、45°。细长三角板的三个角分别是 90°、60°、30°。也就是说，使用两把三角板，首先可以画出 30°、45°、60° 和 90° 的角。

那么，就只有这四个角吗？当然不是。用好两把三角板，可以画出各种各样的角。

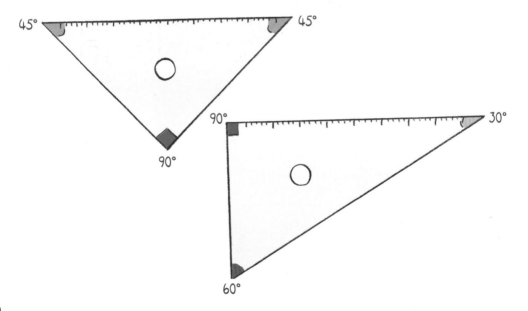

三角板组合的妙用

三角板的组合有多种方法。首先，可以作加法。比如，30 度角加 45 度角就可以获得 75 度角。

然后，也可以作减法。比如，先画出 45 度角，再在里面画出 30 度角，就可以获得 15 度（45 - 30）角了。此外，我们还可以认为，在画出 75 度角的时候，也同时获得了 285 度（360 - 75）角。在画出 15 度角的时候，也同时获得了 345 度角。

通过三角板的巧妙组合，我们可以画出各种各样的角。

摆一摆三角板

从 15° 开始，30°、45°、60°、75°、105°……通过三角板画出的角具有某种规律呀。你也来试试吧。

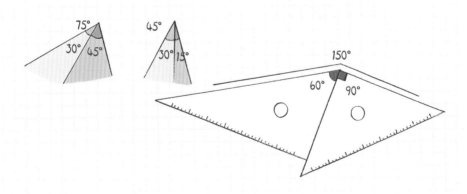

1 平角是 180°，1 周角是 360°。2 个直角等于 1 个平角，4 个直角等于 1 个周角。

日本的土地面积单位 "坪"

9月 **03日**

测量中的数学

东京学艺大学附属小学
高桥丈夫 老师撰写

阅读日期 　月　日 ｜ 　月　日 ｜ 　月　日

教室的面积是多少？

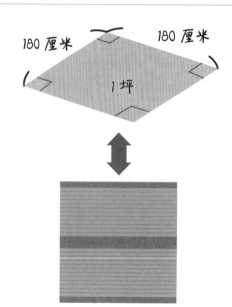

180 厘米　　180 厘米

1 坪

两块榻榻米

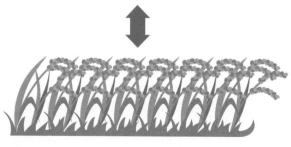

稻田的大米产量，等于一个成年人一天的饭量。

平面图形或物体表面的大小，就是它们的面积。比如，我们在学校里使用的笔记本，长约 25 厘米、宽约 18 厘米，面积约为 25 × 18 = 450 平方厘米。它的含义是，450 个边长为 1 厘米的正方形的大小。

接着，再来算一算教室的大小吧。宽约 9 米、长约 10 米，面积约为 90 平方米。它的含义是，90 个边长为 1 米的正方形的大小。

在生活中，常用的面积单位有平方米、平方厘米等。

12

在日本古代，人们使用的面积单位叫作"坪"。如今，"坪"作为土地面积单位，依旧在使用。假设某块稻田的大米产量，恰好等于一个成年人一天所吃的大米。那么这块稻田的面积，就是1坪，很有趣吧。

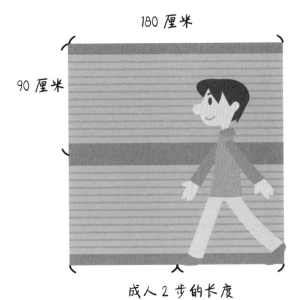

180 厘米

90 厘米

成人 2 步的长度

如果用身边的事物来表示 1 坪的大小，那么两块榻榻米可以胜任。榻榻米长 180 厘米、宽 90 厘米（见 2 月 7 日），长是宽的 2 倍。两块榻榻米正好是边长为 180 厘米的正方形。据说，榻榻米的长和宽，是参考了人体的信息，成人 2 步的长度约为 180 厘米。

成人 8 步走出来的面积，居然和能够收获成人一天饭量的稻田面积相等，真是无巧不成书啊。

迷你便签

在日本，能够收获成人一年饭量的稻田面积叫作1反。最初1反=365 坪，不过现在统一为 1 反 = 360 坪。成人一年饭量的大米重量，称为 1 石。

弹珠游戏中的"方阵问题"

学习院小学部
大泽隆之老师撰写

脑袋里蹦出好多方法

用弹珠摆出一个边长是 5 颗弹珠的正三角形,一共需要多少颗弹珠(图 1)?

图 1

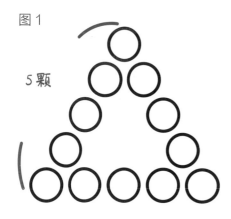

5 颗

图 2

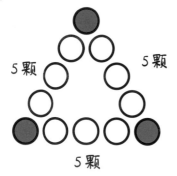

5 颗   5 颗

5 颗

方法A   5×3 - 3 = 12

已知每边都是 5 颗弹珠,所以一共需要 5×3 = 15(颗)?不对。

错误的原因在于,正三角形 3 个顶点处的弹珠被数了两次。

那么,请想一想应该怎样数才不会出错呢?

方法 A   5×3 = 15(颗),再减去被重复计算的弹珠,即 5×3 - 3 = 12(颗)(图 2)。

方法 B   3 个顶点处的弹珠只数一次,弹珠数量为 4×3 = 12(颗)(图 3)。

方法 C   每边的弹珠分为不同组别,依次相加,即 5 + 4 + 3 = 12(颗)(图 4)。

图 3

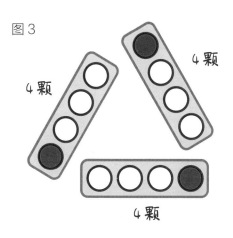

4 颗
4 颗
4 颗

方法 B 4 × 3 = 12

图 4

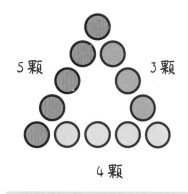

5 颗
3 颗
4 颗

方法 C 5 + 4 + 3 = 12

试一试

边长是 100 颗弹珠的话……

用弹珠摆出一个边长是 100 颗弹珠的正三角形，一共需要多少颗弹珠？问题升级了，但是方法没有变哟，来算一算吧。

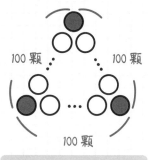

100 颗
100 颗
100 颗

$100 × 3 - 3 = 297$

如果使用方法 A，可得 $100 × 3 - 3 = 297$（颗）。

迷你便签

如果用弹珠摆出一个正方形，已知边长的弹珠数量，如何求弹珠总数呢？动动脑筋试试吧。

顶级运动员到底有多快

明星大学客座教授
细水保宏老师撰写

阅读日期 　月　日 ｜ 月　日 ｜ 月　日

马拉松选手的时速是多少？

一般来说，普通人 1 小时可以走 4000 米左右，也可以表示为步行时速达到 4 千米 / 时。自行车的时速可以达到 15 千米 –40 千米 / 时。汽车在普通道路上的时速为 40 千米 –60 千米 / 时，驶上高速公路后，时速可达 80 千米 –100 千米 / 时。

图 1

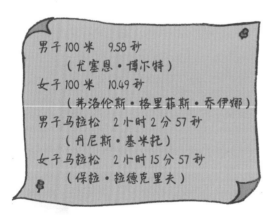

男子 100 米　9.58 秒
　　（尤塞恩·博尔特）
女子 100 米　10.49 秒
　　（弗洛伦斯·格里菲斯·乔伊娜）
男子马拉松　2 小时 2 分 57 秒
　　（丹尼斯·基米托）
女子马拉松　2 小时 15 分 57 秒
　　（保拉·拉德克里夫）

※ 截至 2015 年 12 月的世界纪录

那么，再来看一看世界顶级运动员们创造的速度吧。如图 1 所示，这是田径赛场上 100 米短跑和马拉松项目的世界纪录。

在田径赛场上，根据跑完规定距离所用的时间，可以求出速度。用时越短，则速度越快。

统一单位后，比一比速度

根据图 1，我们知道了各个项目的用时。在想象顶级运动员的速度到底有多快时，可以先将速度统一为时速（图 2）。

100 米短跑选手的速度几乎可以媲美汽车，马拉松选手的速度和

图 2

男子 100 米　时速约 37.6 千米
女子 100 米　时速约 34.3 千米
男子马拉松　时速约 20.6 千米
女子马拉松　时速约 18.7 千米

自行车差不多。马拉松选手保持着自行车的速度，跑完 2 小时以上，真是太令人吃惊了。

统一单位后再来比一比，可以更加直观地感受来自顶级运动员的速度。

和动物比一比？

动物们来了，和它们也比一比速度吧。

·猎豹 400 米　约 12 秒

→（时速约 120 千米 / 时）

·大象 500 米　约 45 秒

→（时速约 40 千米 / 时）

你说博尔特可以赢过它们吗？

迷你便签

人类的瞬间爆发速度虽然不快，但是在耐力上却可圈可点。虽然在短跑上人类远远比不过猎豹，不过比一比长跑的话，没准儿会打成平手。大家还可以调查一下其他动物或交通工具的速度哟。

17

正方形中的正方形

熊本县　熊本市立池上小学
藤本邦昭老师撰写

不知道边长也没事

图 1

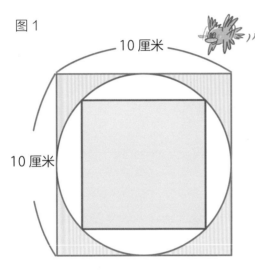

10 厘米

10 厘米

图 2

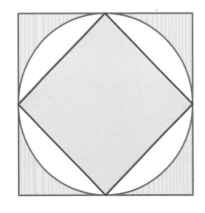

如图 1 所示，在边长为 10 厘米的正方形中，嵌套着一个圆。在圆形中，又嵌套着一个正方形。

那么，请问小正方形的面积是多少呢？

我们知道，正方形的面积公式是"面积＝边长 × 边长"。在图 1 中，并没有标注小正方形的边长，所以它的面积要怎么求呢？

别急，我们让小正方形稍微转一转（图 2）。

然后，再画上几条辅助线……怎么样，发现解题关键了吧。

小正方形的面积是大正方形的一半（图 3）。

大正方形的面积是 10 ×
10 = 100 平方厘米，小正方
形的面积是它的一半，即 50
平方厘米。

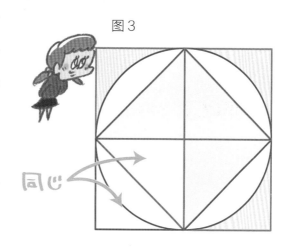

图 3

同心

再嵌套一个正方形

在这里，通过图形的移动，
不用公式也可以算出面积来。

那么，难度升级，在图 1 中又嵌套进一个圆形和正方形。此时，
小小正方形的面积又是多少呢（图 4）？稍微转一转小小正方形，就可
以发现解题关键哟。

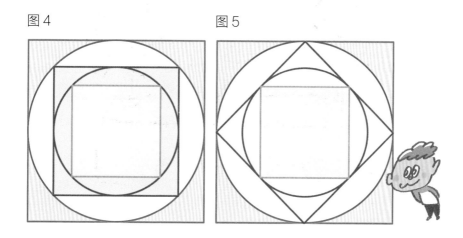

图 4

图 5

迷你便签

使用相同的方法，可得小小正方形的面积是小正方形的一半。
50 ÷ 2 = 25，即 25 平方厘米。也就是说，小小正方形面积是大正方形
的 $\frac{1}{4}$（图 5）。

19

这些质量可以测出来吗

御茶水女子大学附属小学
冈田绂子 老师撰写

用天平测量质量

使用天平可以测量物体的质量。现在，我们来做一个约定：只能使用 6 克和 7 克的砝码。假设要测量出 13 克的物品时，只要放上 1 个 6 克砝码和 1 个 7 克砝码就能测出它的质量（图 1）。

图 1

要测量出 26 克的物品时，只要放上 2 个 6 克砝码和 2 个 7 克砝码，$6×2 + 7×2 = 26$，就能测出它的质量。

无法测量的质量？

按照约定，只能使用 6 克和 7 克的砝码，因此，有些物体的质量是测量不出来的。比如，15 克的物品，用 6 克和 7 克的砝码就测不出。除此之外，还有 1 克、2 克、3 克……貌似很多质量都测不出呀。

请仔细观察图 2，G 列是九九乘法表中 7 与其他数相乘的结果，因此，这些质量都可以用 7 克砝码测出来；F 列是 1 个 6 克砝码加上若干个 7 克砝码的质量之和；E 列中的 5 克无法测量，但 12 克可以用

A	B	C	D	E	F	G
1	2	3	4	5	(6)	(7)
8	9	10	11	(12)	13	14
15	16	17	(18)	19	20	21
22	23	(24)	25	26	27	28
29	(30)	31	32	33	34	35
(36)	37	38	39	40	41	42
43	44	45	46	47	48	49

图 2

2 个 6 克砝码测量，其余质量均是 12 克加上若干个 7 克砝码的质量之和。

用同样的办法，继续观察 D 列、C 列、B 列和 A 列。我们可以发现，红○标出的质量可以用 6 克砝码测量。○以下的质量，均是○标出的质量加上若干个 7 克砝码的质量之和。因此，只用 6 克和 7 克的砝码，无法测量的质量仅有 1、2、3、4、5、8、9、10、11、15、16、17、22、23、29 克这 15 种。

大家可能会猜测还有更大的质量是无法测量的。其实，只要是 30 克及以上的质量，都可以用 6 克和 7 克的砝码测出来。很神奇吧。

迷你便签　我们再来做一个约定：只能使用 3 克和 10 克的砝码，这时有多少质量不能被测出来？给大家一个提示，可以画一个 10 列的表格哟。

让圆变成我们熟悉的图形

9月
08日

学习院小学部
大泽隆之 老师撰写

阅读日期   月 日 | 月 日 | 月 日

圆可以变成四边形？

脑中浮现出一个刚出炉的圆形比萨，看起来很好吃呢。现在，我们用意念将这个比萨平均分成 16 份。然后，再将这 16 份比萨重新组合在一起，在脑中形成一个四边形（图1）。

你用意念让圆变成正方形、长方形和平行四边形了吗？如图 2 所示，脑中出现了平行四边形。

图 1

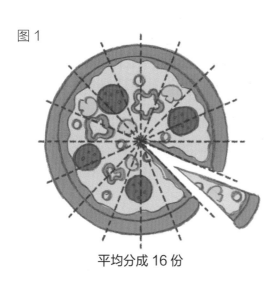

平均分成 16 份

图 2

平行四边形

那么，可以组成梯形吗？啊哈，梯形也完成了（图3）。

变成熟悉的三角形

接下来，再次用意念试着让圆变成正三角形、等腰三角形和直角三角形吧。变变变，等腰三角形也出现啦（图4）！

图4

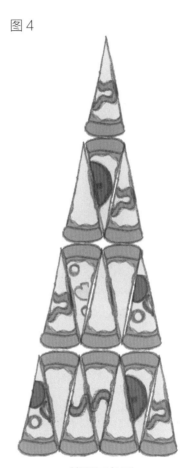

图3

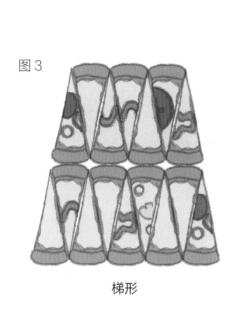

梯形

等腰三角形

圆是由曲线围成的图形。在求圆的面积时，可以先在脑中将圆变成已知面积算法的图形，这样就可以获得圆面积的大致数值了。

计算中的数学

用九九乘法表来玩
"词语接龙"

9月
09日

御茶水女子大学附属小学
久下谷明老师撰写

阅读日期　　月　日　　月　日　　月　日

词语接龙游戏的规则

你玩过词语接龙吗？词语接龙是一种文字游戏，比如，松鼠（lisu）→西瓜（suika）→照相机（kamera）→喇叭（rappa）→菠萝（painappuru）……可以的话，接得越长越好（图1）。大家的词语接龙记录是多少个词呢？

图1

松鼠（lisu）　西瓜（suika）　照相机（kamera）

喇叭（rappa）

菠萝（painappuru）

今天，我们要用九九乘法表来玩一次"词语接龙"，规则也是一样的。

如图 2 所示，九九乘法表的"词语接龙"，是用前一个答案的最后一位数字，另起一个新算式，依次连接下去。

图2

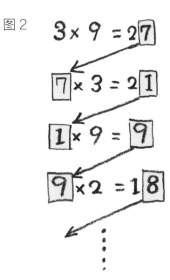

接得越长越好，不过要注意，每个九九乘法表里的算式都只能出现一次。那么，这次的"词语接龙"又可以达到多少呢？

九九乘法表口诀

我们在背诵九九乘法表的时候，是这样的："一二得二、二二得四……"如图 3 所示，九九乘法表的背诵口诀有两类。上面和下面有什么不一样？区别就是

图3

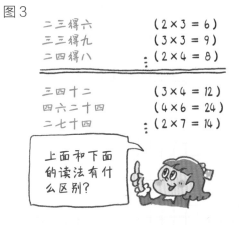

二三得六	$(2 \times 3 = 6)$
三三得九	$(3 \times 3 = 9)$
二四得八	$(2 \times 4 = 8)$
三四十二	$(3 \times 4 = 12)$
四六二十四	$(4 \times 6 = 24)$
二七十四	$(2 \times 7 = 14)$

上面和下面的读法有什么区别？

有没有"得"。很明显，答案是一位数的话就带有"得"，答案超过 9 就没有"得"了。

迷你便签

在进行九九乘法表的"词语接龙"时，可以将 81 个算式都视为接龙对象。据说，最多可以连接 50 个算式，快来挑战一下吧。

老师震惊了！
数学天才少年高斯

明星大学客座教授
细水保宏老师撰写

阅读日期 　月　日 ｜　月　日 ｜　月　日

让老师震惊的数学天才

德国著名数学家约翰·卡尔·弗里德里希·高斯的名字，大家听说过吗？

高斯从小就显现出数学天分，能够在头脑中进行复杂的计算。他快速的心算能力，时常让周围人大感惊讶。今天，我们就来分享一则高斯少年时的数学小故事。

在一所德国乡村的小学里，居住着 10 岁的数学小达人高斯和他的数学老师布特纳。一天，布特纳布置了一道数学题：从 1 加到 100 等于多少？他想，孩子们总要花二三十分钟来计算吧。

没想到，高斯很快就得出了答案："1 +

$$1+2+3+4+\cdots+100$$
$$=5050！$$

100 = 101、2 + 99 = 101……50 + 51 = 101，从 1 加到 100 有 50 组这样的数，所以答案是 101×50 = 5050。"起初，布特纳并不相信高斯能在这么短时间内就算出正确答案，但听过解答方法后，只有震惊二字可以形容他当时的感受。

布特纳发现了高斯惊人的才能，特意从汉堡买了最好的算术书送给高斯，并表示："你已经超过了我，我没有什么东西可以教你了。"

近代数学奠基者之一

高斯一生的研究成果极为丰硕，以"高斯"命名的成果就多达 110 个。这些成果至今仍在科学世界中熠熠生辉，相信很多小伙伴也并不陌生。

19 岁时，高斯发现了正十七边形的尺规作图法。当时，人们认为使用圆规和直尺，能画出来的正多边形只有正三角形和正五边形。高斯的这一发现，解决了自欧几里德以来数学界悬而未决的一个难题。

除此之外，高斯还将复数引进了数论，开创了复数算术理论，给 18-19 世纪的近代数学带来了深远的影响。

高斯不仅是著名的数学家，他在天文学、力学、光学、静电学等领域皆有贡献，也是一名物理学家、天文学家和大地测量学家。因此，还有以"高斯"命名的物理学单位。

迷你便签

高斯，是与阿基米德、牛顿齐名的伟大学者，也是 19 世纪最伟大的数学家之一。

做一做三角纸片陀螺

9月 11日

岩手县　久慈市教育委员会
小森笃老师撰写

阅读日期　月　日　｜　月　日　｜　月　日

　　三角纸片陀螺，顾名思义，就是用三角形的纸片做成的陀螺。制作三角纸片陀螺，需要找到三角形的重心（3条中线的交点），然后安装上牙签。

准备材料

- ▶彩纸
- ▶硬纸片（纸板）
- ▶牙签
- ▶尺子
- ▶剪刀（美工刀）
- ▶圆规

● 做一个正三角形的陀螺

正三角形的做法，请见6月9日。

留下第一条折痕

首先，我们来做一个正三角形的陀螺。在彩纸上剪出正三角形。

以正三角形上方顶点为中心，将纸对折至重叠，展开后留下折痕。

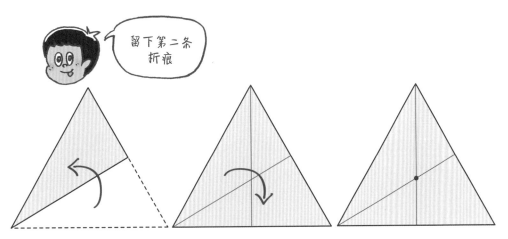

以正三角形左下方顶点为中心,将纸对折至重叠,展开后留下折痕。

两条折痕相交的点,就是正三角形的重心。

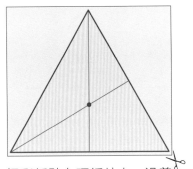

把彩纸贴在硬纸片上,沿着三角形的轮廓剪下。

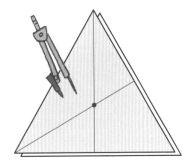

在正三角形重心的位置,用圆规戳一个小洞。

把牙签插入小洞,三角纸片陀螺就完成了。

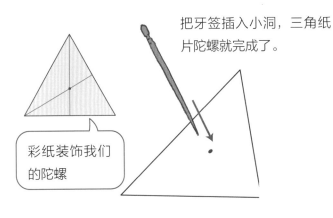

彩纸装饰我们的陀螺

看谁的转得更久

继续转转转

在转陀螺时，把牙签的尖头朝上。

大功告成

牙签毕竟有尖锐的部分，所以玩陀螺的时候要注意安全。

● 挑战一下其他三角形的陀螺

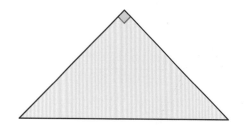

我们再来做一个等腰直角三角形的陀螺吧。先准备一张等腰直角三角形的彩纸。

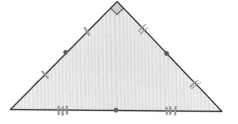

正方形彩纸对折剪开后，就是等腰直角三角形了。

顶点到对边中点的线段，就是三角形的中线。3条中线的交点，就是我们要找的重心。

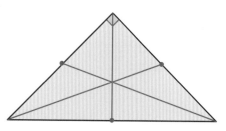

在等腰直角三角形的3条边上找到中点，并做好标记。

30

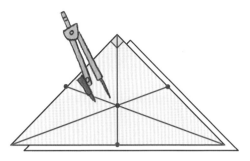

和刚才一样，把彩纸贴在硬纸片上。在重心的位置，用圆规戳一个小洞。把牙签插入小洞，等腰直角三角形的纸片陀螺就完成了。

　　为什么在三角形的重心插上牙签，三角纸片陀螺就可以很好地转起来呢？以三角形的重心为顶点，可以在三角形内画出3个小三角形。这3个小三角形的面积相等，重量自然也相等。陀螺因此保持了平衡，转得很起劲呢。

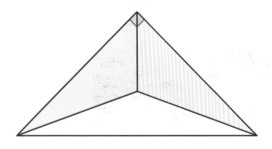

　　大家可以再来找一找等腰三角形、直角三角形等三角形的重心，然后做出更多的三角纸片陀螺。

平均值的陷阱

大分县　大分市立大在西小学
二宫孝明老师撰写

阅读日期　　月　日　｜　月　日　｜　月　日

比一比谁读的书更多

　　某一所小学准备调查各个班级的书籍阅读情况。学校采用的方法是，统计班里每人从校图书馆借阅的书籍数量，并求人均借阅量。其中，五（1）班人均借阅量 25 本，五（2）班人均借阅量 23 本。根据这个数据，五（1）班的书籍阅读情况比五（2）班要好。

　　的确，只看平均值的话，五（1）班的人均借阅量更高。不过，如果我们仔细观察各个班级每个人的借阅量，就会发现一些奇怪的现象。

　　如图 1 所示，柱状图的横轴代表借阅量，纵轴代表人数。在 1 班的图表中可以发现，有人借的书很少，只有 14 本或 15 本。那么，为什么 1 班的人均借阅量那么高呢？再认真观察图表，原来在 1 班里有部分同学的借阅量达到了惊人的 50 本或 51 本。可以说，是他们大大提高了 1 班的借阅量平均值。

换一换看法会不同

在 1 班图表中，借阅量达到 19 本书的同学最多，有 7 人。其次，是借阅量达到 20 本书的同学，有 4 人。也就是说，在 1 班有近半数人的借阅量是不超过 19 本书的。与此相对，2 班几乎所有的同学，借阅量都在 20 册及以上。

理解事物的看法，并非一成不变。面对许多数值，当我们从不同角度去观察和研究，就会获得更多的收获。

图 1 阅读量调查柱状图

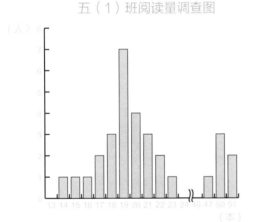

五（1）班阅读量调查图

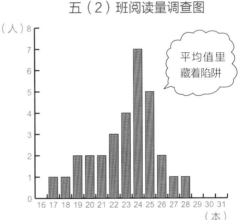

五（2）班阅读量调查图

平均值里藏着陷阱

迷你便签

一组数据的总和与这组数据的个数之比，叫做这组数据的算术平均数，即数据之和 ÷ 数据个数 = 算术平均值，它易受极端数据影响。将一组数从小到大（或从大到小）的顺序排列，处于中间位置的数，就是这组数据的中位数。一组数据中出现次数最多的数据，是这组数据的众数。它们之间既有联系，又有区别，数值通常不同。

33

御茶水女子大学附属小学
冈田纮子 老师撰写

只能使用尺规作图

今天，我们要来认识一下古希腊三大几何问题。在 2000 多年的时间里，谁都没能解出这三大难题。

①已知一个正方体，求作一个正方体，并使它的体积是已知正方体的两倍。（倍立方问题）

②已知一个圆，求作一个正方形，并使它的面积和圆相等。（化圆为方问题）

③给定任意角，将之三等分。（三等分角问题）

解题的条件是，只能使用圆规和无刻度的直尺。这三大难题引人

①已知一个正方体，能够作一个正方体，并使它的体积是已知正方体的 2 倍吗？（倍立方问题）

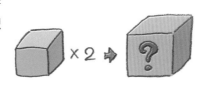

②已知一个圆，能够作一个正方形，并使它的面积和圆相等吗？（化圆为方问题）

③给定任意角，能够将之三等分吗？（三等分角问题）

入胜，又十分困难，在 2000 多年的时光里，许多数学家埋头苦干却无功而返。到了 19 世纪，数学家们终于弄清楚了这三大难题是"不可能用尺规完成"的，"不能"即是正确答案。

"不能的理由"很重要

认识到有些数学题目确实不可能，这是数学思想的一大飞跃。此外，在证明"不能""没有"时，必须要给出完整的理由。

假设，使用了 1000 种尺规作图方法但没能解题，还是有可能在 1001 次尝试时发现答案的。事实表明，证明"不能"不比证明"能"要简单，它也是很有难度的啊。

太阳神阿波罗的传说

关于问题①有这样一则传说。相传在公元前 400 年前，古希腊的雅典疫病流行。为了消除灾难，人们向居住在提洛斯岛的太阳神阿波罗求助。阿波罗指示："把神殿前的正方体祭坛的体积扩大到两倍，瘟疫就可以停止。"原来是神明出的数学题，怪不得这么难啊。

数学的未解之题还有许多许多。当然，现在依然有许多数学家坚持着努力攻克它们。据说，有的数学难题的悬赏金额甚至高达 100 万美元！

日历的诞生

岛根县　饭南町立志志小学
村上幸人老师撰写

"一日"是太阳的运动

"今天是某月某日。"这句话很常见，也很普通。稍微刨根问底一下，为什么表示日期的时候，需要使用"月和日"？其实，这与日历的诞生息息相关。

古巴比伦王国是四大文明古国之一。为了发展农业，大约在 4000 年前，古巴比伦的人们努力寻找确定季节和日期的方法。在没有先进的钟表和日历的时代，他们通过观察太阳和月亮，从中获取时间的信息。

太阳的运动，给予人们最初的时间概念。日出而作，日落而息。一日的时长，就是指太阳在白天升到最高点的时候（正午）到第二天的正午。

2016 年 9 月

周	星期日	星期一	星期二	星期三	星期四	星期五	星期六
第一周					**1 新月** 月龄 29.3 （强潮）	**2** 月龄 0.7 （强潮）	**3** 月龄 1.7 （强潮）
第二周	**4** 月龄 2.7 （强潮）	**5** 月龄 3.7 （中潮）	**6** 月龄 4.7 （中潮）	**7** 月龄 5.7 （中潮）	**8** 月龄 6.7 （小潮）	**9** 月龄 7.7 （弱潮）	**10** 月龄 8.7 （弱潮）
第三周	**11** 月龄 9.7 （弱潮）	**12** 月龄 10.7 （小潮）	**13** 月龄 11.7 （大潮）	**14** 月龄 12.7 （中潮）	**15** 月龄 13.7 （中潮）	**16** 月龄 14.7 （强潮）	**17 满月** 月龄 15.7 （强潮）
第四周	**18** 月龄 16.7 （强潮）	**19** 月龄 17.7 （强潮）	**20** 月龄 18.7 （中潮）	**21** 月龄 19.7 （中潮）	**22** 月龄 20.7 （中潮）	**23 下弦月** 月龄 21.7 （弱潮）	**24** 月龄 22.7 （弱潮）
第五周	**25** 月龄 23.7 （弱潮）	**26** 月龄 24.7 （弱潮）	**27** 月龄 25.7 （小潮）	**28** 月龄 26.7 （大潮）	**29** 月龄 27.7 （中潮）	**30** 月龄 28.7 （中潮）	

"一月"是月亮的运动

说完了太阳，我们再来谈谈月亮。与太阳不同，我们眼中月亮的形状一直在变化。如果每天都仔细观察的话，就会发现月亮从新月（当月亮运行到太阳与地球之间，暗面正对地球，人们无法看到月亮的情况）开始，月亮被照亮的部分逐渐变得丰满。满月之后，月亮被照亮的部分又逐渐变小，最后变成新月的形态，开始新的循环。一个循环大约是30天。

四季轮转，春去春又来。12个月相循环过后，就是一年。因此，日历是从1月到12月。有了日历，人们可以知道"今天"在一年中的角色，也可以对农业生产进行科学的安排。

站在大地之上，人们仰望天上的太阳和月亮，也能看见其中蕴含的时间信息。

碧空如洗，皓月当空

在日本，中秋节被称为"十五月"或"中秋名月"。在这一天，日本人同样有赏月的习俗。当然，他们吃的就不是月饼了，而是叫

作"月见团子"的江米团子。光辉皎洁，古今但赏中秋月。

月满月又缺。在中国，月龄从新月起计算各种月相所经历的天数，并以朔望月的近似值29.5日为计算周期。满月月龄为14.8日，下弦月月龄为22.1日。在公历（阳历）中，31天的月份为"大月"，30天的月份为"小月"，2月既不是大月也不是小月。

月亮大概有多大

岛根县　饭南町立志志小学

村上幸人老师撰写

满月看上去有多大？

八月于秋，季始孟终。十五之夜，又月之中。在农历的八月十五，我们能在夜空中，观赏到一轮皓月。那么，你认为月亮看上去大概有多大呢？

①手臂向月亮伸直，顺着手臂望过去，大概是直径30厘米的脸盆大小。

②手臂向月亮伸直，顺着手臂望过去，大概是直径26.5毫米的500日元硬币的大小。

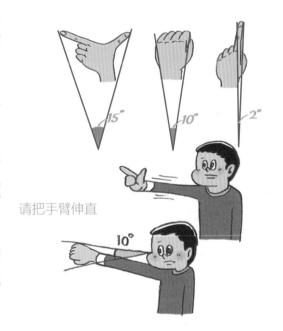

请把手臂伸直

③手臂向月亮伸直，顺着手臂望过去，大概是直径20毫米的1日元硬币的大小。

不管是直呼"不知道呀"的小伙伴，还是认为"很简单，我知道"的小伙伴，都走出门去，看一看夜空中的月亮吧。

3个选项，都不是答案，出题老师好"坏"哦。大家把手臂向月亮伸直，顺着手臂望过去，大概只有5日元硬币的小孔（直径5毫米）那样的大小。

用手来测量角度

把手臂伸直，然后握拳。从眼睛到拳头的宽度，形成的角度大概是 10 度。把拳头换成食指，形成的角度大概是 2 度（左页图）。

当我们把食指指向月亮时，指尖的宽度大约是月亮直径的 4 倍。也就是说，从我们的眼睛到月亮的直径，形成的角度大概是 0.5 度，是量角器最小度数的一半。

伸直手臂，然后用手指测量出角度后，可以知晓月亮的大小、星座的大小、星星的位置等粗略信息。我们的身体，就是一把"多功能尺"。

太阳和月球的大小

在我们的眼中，太阳和月亮的大小是差不多的。因此，当它们在天空中重叠在一起时，会发生日全食。但是实际上，太阳的直径约是 140 万千米，月球的直径约是 3500 千米。太阳的直径是月球的 400 倍。如果做一个直径 1 厘米的月球模型，那么相对应的太阳模型，就是直径 4 米的球体。因为太阳与地球的距离是月球的 400 倍，所以我们看上去大小差不多。假设有两列开往月球和太阳的高铁，它们分别需要花费 80 天和 80 年以上。

迷你便签

太阳、月球到地球的距离，不是一成不变的。因此，当太阳和月亮在天空中重叠在一起时，除了日全食，也可能发生金环日食（月球不能完全遮住太阳）。

在九九乘法表中出现的数

御茶水女子大学附属小学
久下谷明 老师撰写

阅读日期　月　日　｜　月　日　｜　月　日

出现的数有几种？

今天，我们要对九九乘法表中出现的数做一个小调查。

九九乘法表，大家一定都不陌生吧（图1）。

从一一得一到九九八十一，九九乘法表里一共出现了 81 组积（81 组积，45 项口诀）。仔细观察这些积，我们会发现，有的数出现了不止一次，有的数从来没出现过（比如 11 和 13 等）。

那么，九九乘法表的 81 组积中有哪些数呢？开始调查吧！（答案见"迷你便签"）

怎么样？比想象中的要少很多呀。

图 1

乘数		1	2	3	4	5	6	7	8	9
1 段	1	1	2	3	4	5	6	7	8	9
2 段	2	2	4	6	8	10	12	14	16	18
3 段	3	3	6	9	12	15	18	21	24	27
4 段	4	4	8	12	16	20	24	28	32	36
5 段	5	5	10	15	20	25	30	35	40	45
6 段	6	6	12	18	24	30	36	42	48	54
7 段	7	7	14	21	28	35	42	49	56	63
8 段	8	8	16	24	32	40	48	56	64	72
9 段	9	9	18	27	36	45	54	63	72	81

乘数（纵列标题：乘数）

每个数各出现了几次？

调查还在继续。接下来，我们看一看每个数各出现了几次。

首先，在九九乘法表的 81 组积中只出现 1 次的数是什么？没错，是 1、25、49、64、81。

那么，出现 2 次的数是什么？ 3 次的数是什么？ 4 次的数是什么？ 5 次的数是什么？

一边调查，一边在九九乘法表上涂上颜色。如图 2 所示，调查的结果就一目了然啦。

根据图表，我们可以很清楚地发现，81 组积中出现 2 次的数是最多的。此外，一个数最多只出现 4 次。

图2

	乘数								
	1	2	3	4	5	6	7	8	9
1 段	1	2	3	4	5	6	7	8	9
2 段	2	4	6	8	10	12	14	16	18
3 段	3	6	9	12	15	18	21	24	27
4 段	4	8	12	16	20	24	28	32	36
5 段	5	10	15	20	25	30	35	40	45
6 段	6	12	18	24	30	36	42	48	54
7 段	7	14	21	28	35	42	49	56	63
8 段	8	16	24	32	40	48	56	64	72
9 段	9	18	27	36	45	54	53	72	81

乘数

、、出现 1 次
、、出现 2 次
、、出现 3 次
、、出现 4 次

迷你便签

在九九乘法表的 81 组积中，一共出现了 36 种数。再来看看 81 组积的个位数，有的按照顺序排列（如 1 段、2 段、4 段、5 段、6 段、8 段、9 段），有的只出现 0、2、4、6、8（如 2 段、4 段、6 段、8 段）。

41

用 4 个直角三角形组成正方形

神奈川县　川崎市立土桥小学

山本直 老师撰写

阅读日期　　月　日　　月　日　　月　日

使用 4 个直角三角形

　　如图 1 所示，这是一个直角三角形。试着用 4 个直角三角形，组成正方形吧。如图 2 所示，2 个直角三角形一上一下就成了长方形，4 个直角三角形横着排好，正方形就出来了。稍微移动直角三角形，还可以摆出长方形、平行四边形等四边形。

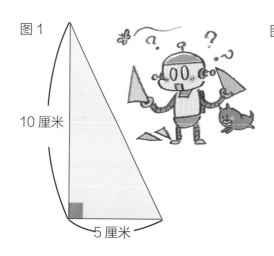

图 1

10 厘米

5 厘米

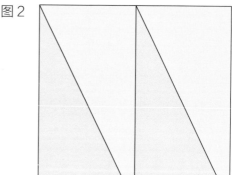

图 2

动动脑冲破思维定势

　　除了这种方法，正方形还可以摆得更大吗？动动脑，这需要大家冲破思维定势。

　　给一点小提示：图 2 的正方形，被三角形填得满满的。其实，就算中间出现了空隙，只要外围紧密相连，这样组成的正方形也是可以的。如图 3A 所示，这次的正方形大了不少吧。中间出现了正方形的空隙，这个空隙的面积也就是正方形增加的面积。

如图 3B 所示，即使直角三角形的边与边之间没有相连，只要顶点相连在一起，那么组成的正方形也是可以的。这次的正方形又大了许多。

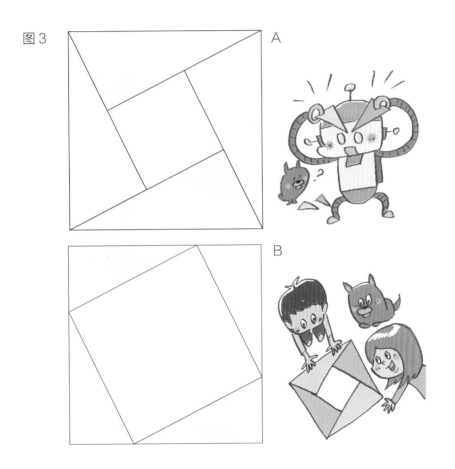

图3

将一个图形分成多个图形，叫做图形分割。将多个图形组成一个图形，叫做图形组合。

用量角器画出图案

青森县　三户町立三户小学
种市芳丈老师撰写

阅读日期	月 日	月 日	月 日

和家人分享你的星星

你知道吗，用量角器可以画出许许多多的星星哦。准备的工具是，量角器、铅笔、尺子、笔记本。

【画法】（图1）

①起点（S）出发，作一条6厘米的线段。

②将量角器的中心点与线段的右侧端点重合，作36度角。

③再作一条6厘米的线段。

④将量角器的中心点与线段的左侧端点重合，作36度角。

※ 继续作图，最后会回到起点。

如果将角度进行变化，还能画出各种漂亮的星星图案。

45度角（图2）。

20度角（图3）。

30度角（图4）。

15度角（图5）。

参考以下示意图，将你画出的星星与家人和朋友分享吧。

图1【五角星/36度角】

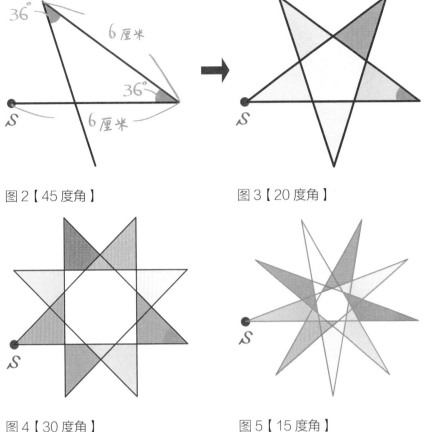

图2【45度角】

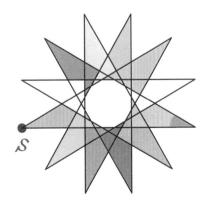

图3【20度角】

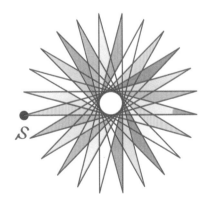

图4【30度角】

图5【15度角】

在日本，人们会把36度角的五角星称为"正二分之五角形"，把20度的十二角星称为"正三分之八角形"。星形与正多边形有着密切的关系。

45

九九乘法表
里出现了 "彩虹"

立命馆小学
高桥正英老师撰写

9月
19日

阅读日期　　月　日　｜　月　日　｜　月　日

出现了一道 "彩虹"

在九九乘法表的第 5 列中，出现了有意思的事情。

在第 5 列中，一共出现了 9 组积（5 组口诀）。其中，5×1 得 5，5×9 得 45，把 5 和 45 用线连起来。5×2 得 10，5×8 得 40，把 10 和 40 也连起来。发现规律了吗？两个数的和都是 50。以此类推，全部连好线后，就出现了一道 "彩虹"。5×5 好像玩不到一块儿去，再瞧瞧，原来 25 的 2 倍也是 50 呀。

想要组成 "彩虹"，除了让 "×1" 和 "×9" 连接，还有其他的方法。比如，5×1 得 5，5×8 得 40，把 5 和 40 用线连起来。以此类推，全部连好线后，出现了另一道 "彩虹"。

远方的彩虹啊，
我知道里面有着
绚丽的数字世界……

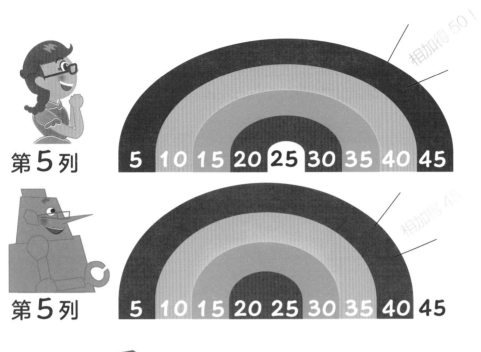

第5列

5 10 15 20 **25** 30 35 40 45

相加得50！

第5列

5 10 15 20 25 30 35 40 45

相加得45

为什么可以看见"彩虹"？

如右图所示，在长方形的盒子（5×10）里整齐摆放着50个包子。如果用一条竖线，将盒子里的包子分成两部分，包子总数是不受影响的。

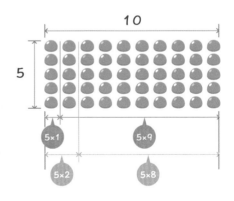

在九九乘法表里，再发现更多的"彩虹"吧。

跑道上的秘密

东京都丰岛区　立高松小学
细萱裕子老师撰写

阅读日期　　月　日　　月　日　　月　日

每条跑道的长度

在学校的运动会或体育节上，少不了跑步的项目。如果是只用到直道的短跑项目，大家的起点都是相同的。如果是用到弯道的跑步项目，各个跑道上选手的起跑点就都不一样了。很明显，越是外侧的跑道长度也就越长。我们要思考的是，每条跑道的长度差别。

如图 1 所示，这是一个比较小的跑道。因为直道部分的长度相同，所以我们直接来观察弯道部分的跑道。如图 2 所示，弯道部分的和，其实就等于圆的周长。

图 1

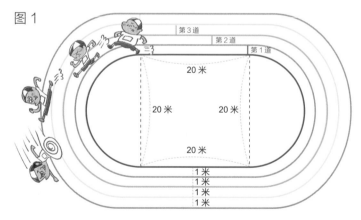

每条跑道的长度，就是该条跑道靠内侧的线的长度。

如图 3 所示，相邻的跑道之间都相差 6.28 米。

图 2

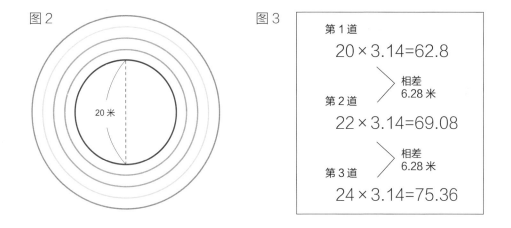

20 米

图 3

| 第1道 |
| $20 \times 3.14 = 62.8$ |
| 相差 6.28 米 |
| 第2道 |
| $22 \times 3.14 = 69.08$ |
| 相差 6.28 米 |
| 第3道 |
| $24 \times 3.14 = 75.36$ |

注意跑道的宽度

那么，6.28 米的差别，与什么有关呢？已知跑道的宽度是 1 米，6.28 米就是 2 个直径为 1 米的圆的周长（图 4）。相邻的跑道之间的差别，与跑道的宽度有关。

图 4

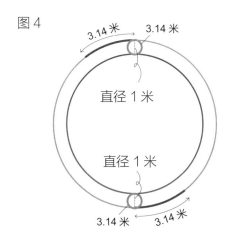

3.14 米   3.14 米

直径 1 米

直径 1 米

3.14 米   3.14 米

迷你便签

圆的周长＝直径 × 圆周率＝2× 半径 × 圆周率。圆周率通常取 3.14（见 3 月 14 日）。

20×20 和 21×19 哪一个大

计算中的数学

筑波大学附属小学
盛山隆雄 老师撰写

猜一猜 20 × 20 和 21 × 19

你认为 20×20 和 21×19，哪一个的积大？在拿起笔进行计算之前，我们可以先来猜一猜。

① 20×20 大。

② 21×19 大。

③ 一样大。

在心中想好了答案之后，我们就开始计算吧。20×20 = 400，21×19 = 399，因此 20×20 大。两个算式只相差 1，可以看作差不多大小。

再来比一比 20×20 和 22×18 的大小吧。22×18 = 396，果然还是 20×20 比较大呀。

那么，23×17 你觉得大不大呢？很多小伙伴可能会猜，依旧是 20×20 胜出。大家还可以再想一想，两个算式的差是多少。23×17 = 391，与 20×20 相差 9。

经过更多的计算，我们可以得到如右下表所示的结论。

差有怎样的规律？

两个算式的差，可以写成：1×1＝1、2×2 = 4、3×3 = 9、4×4 = 16、5×5 = 25、6×6 = 36……它们都是 2 个相同的数字相乘。可以写成 2 个相同数字相乘的数，叫作平方数。

20×20 = 400		
21×19 = 399	相差	1
22×18 = 396		4
23×17 = 391		9
24×16 = 384		16
25×15 = 375		25
26×14 = 364		36
27×13 = 351		49
28×12 = 336		64
29×11 = 319		81

30×30 和 31×29、32×28，哪一个的积大？两个算式的差又是多少？先猜一猜，再算一算。

神奇的立体图形
——正多面体

御茶水女子大学附属小学
冈田纮子老师撰写

阅读日期 📝　月　日　｜　月　日　｜　月　日

正多面体是什么？

由全等的正多边形组成的立体图形，叫作正多面体。如果将正多面体的各个面剪下来，它们可以完全重合。

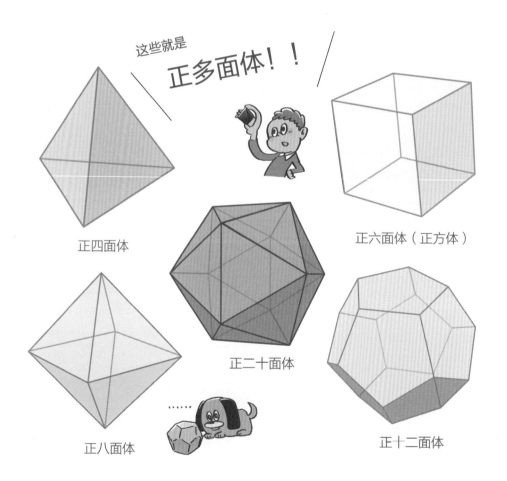

这些就是

正多面体！！

正四面体

正六面体（正方体）

正二十面体

正八面体

正十二面体

虽然多面体的家族很庞大，可正多面体的成员却很少，仅有五个。它们是正四面体、正六面体、正八面体、正十二面体和正二十面体。除此之外，再也做不出更多的正多面体了，很神奇吧。

正多面体的棱数是多少？

正十二面体有几条棱？想要一根一根地数清楚，真有点儿麻烦。不过，通过计算就可以方便地获得这个数据了。

已知，正十二面体是由 12 个全等的正五边形组成的立体图形。因为正五边形有 5 条边，正十二面体有 12 个面，所以 5 × 12 = 60。由于面与面相接形成了公共棱，每条棱都使用了 2 次。因此，60 ÷ 2 = 30，正十二面体的棱数是 30 条。

问题继续，正二十面体有几条棱？使用相同的方法：正十二面体是由 20 个全新的正三角形组成的图形。因为正三角形有 3 条边，正二十面体有 20 个面，所以 3 × 20 = 60。60 ÷ 2 = 30，正二十面体的棱数是 30 条。巧了巧了，正十二面体和正二十面体的棱数是相等的。

正六面体和正八面体的棱数都是 12 条。请调查下正十二面体和正二十面体、正六面体和正八面体这两组的面数、顶点数，会有好玩的发现哦。

东京学艺大学附属小学
高桥丈夫老师撰写

阅读日期　　　月　　日　　　月　　日　　　月　　日

图1

图2

页码标注的方法

大家制作过小册子吗？今天，我们将来找一找小册子里藏着的页码秘密。

小册子的制作方法，主要有两种。

①把所有纸张按顺序叠好，然后使用订书针或胶带纸进行固定。

②把所有纸张都进行对折，然后按一定顺序叠好。

如图1所示，这就是方法①。

此时，小册子第1张纸的正反面页码分别是1和2，第2张纸的正反面页码分别是3和4……以此类推，进行页码的标注。

那么，方法②又是如何操作的呢？如图2所示，这就是用两张纸做的小册子。

问题来了，如果用三张纸制作小册子，页码应该如何标注？

发现规律！你明白了吗？

看似简单的小册子制作，也蕴含着数学的"规律"。再来观察图2的小册子，看看两张纸上的页码是如何标注的。第1张纸的正面标注页码1和8，反面标注页码2和7；第2张纸的正面标注页码3和6，反面标注页码4和5。

观察任意一张纸的正面或反面，把上面的页码数相加。它们的和，都等于第一页和最后一页的页码数之和。

现在，开始解决用三张纸制作小册子的问题。因为使用的是方法②，所有纸张都要进行对折，所以小册子一共有12页。第1张纸的正面标注页码1和12、第2张纸的正面标注页码3和10……以此类推，进行页码标注。最后，观察任意一张纸的正面或反面，如果页码数之和都是13的话，那么大家标注的页码肯定是正确的（图3）。

图3

当我们注意到数字的规律之处，就可以化繁为简，理解其中的内涵。

哪一组比萨的面积最大

明星大学客座教授
细水保宏老师撰写

各组面积都相等？

"美味的比萨新鲜出炉咯。（A）（B）（C）中，哪一组比萨的面积最大？"

请思考一下这个问题。

（A）有1个大比萨，（C）有9个小比萨。没那么容易区分呀。

第一眼看上去，猜（A）比较大，但再看几眼，好像（B）（C）也不小。放下感觉，我们还是拿起笔来算一算吧。

圆的面积 = 半径 × 半径 × 圆周率。我们分别来求（A）（B）（C）各组比萨的面积（圆周率取 3.14）。

（A）$30 × 30 × 3.14 = 2826$

（B）$15 × 15 × 3.14 × （2 × 2） = 30 × 30 × 3.14 = 2826$

（A）

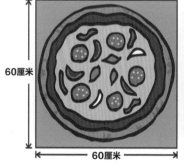

60厘米

60厘米

（B）

（C）

（C）$10 \times 10 \times 3.14 \times (3 \times 3) = 30 \times 30 \times 3.14 = 2826$

虽然乍一看，（A）（B）（C）各组的比萨面积好像不太一样，但经过计算，我们发现各组比萨的面积都相等。出乎意料，也是数学的趣味之处。

比一比算式的话……

使用圆的面积公式，我们求出了各组比萨的面积。其实在计算当中，当我们发现各组算式都可以化为 $30 \times 30 \times 3.14$ 的时候，不用算出最后的答案，就能知道面积相等了。

通过算式的变形，我们可以省下计算的时间，更快地做出判断。

这两组比萨的面积是否也相等？

（D）

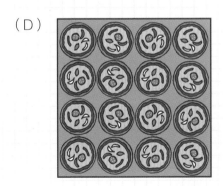

（E）

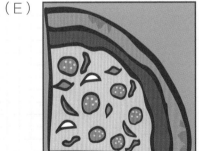

（"想一想"的答案）（D）$7.5 \times 7.5 \times 3.14 \times (4 \times 4) = 30 \times 30 \times 3.14$。（E）$60 \times 60 \times 3.14 \div 4 = 30 \times 30 \times 3.14$。通过算式，我们就可以判断出两组比萨面积相等，很方便呀。

夜空中浮现的四边形

岛根县饭南町立志志小学
村上幸人老师撰写

阅读日期 📝　月　日　　月　日　　月　日

秋季的亮星较少？

4月12日和7月7日，我们一起找到了许多身边的三角形。还记得那时候，一起仰望星空的样子吗？在春天和夏天，夜空中明亮的星星，组成了"春季大三角"和"夏季大三角"（见4月12日、7月7日）。

时光匆匆，步入秋季。选择一个晴朗的日子，抬头望向夜空，明亮的星星几乎不见踪影。因为在秋天，夜空中的亮星较少。

其实，向东南方高一点的地方望去，还是有一点收获的，4 颗星星出现在眼前。

夜空中的秋季四边形

这 4 颗星星并不是很亮，将它们连起来，就会发现一个大大的四边形出现在我们的头顶。

这个四边形叫作"秋季四边形"，4 颗星星分别是室宿一、室宿二、壁宿一、壁宿二。它们是飞马座的一部分。

"秋季四边形"的四边形，与正方形十分接近。因此，在古代日本的一些地区，人们会以"枡形星"来称呼它。酒枡，是饮用日本酒的专用器具之一，这种木制器具的底面就是一个正方形。

枡，是日本古时官府定制的测量容量的器具，与人们的生活息息相关。因此，看到夜空中的四边形，人们会迅速与这个器具联系在一起。那么如今的你，看到头顶上的四边形时，又会联想到什么呢？

尺贯法是日本传统的度量衡法，其中涉及计量单位"合""升""斗"等等。使用不同型号的枡，可以进行容量的测量（见 5 月 10 日）。合、升、斗、石也是中国古代计量单位，与日本对应的重量不同。

需要准备2根多长
的小纸条

北海道教育大学附属札幌小学

泷泷平悠史 老师撰写

2 根小纸条粘起来

有红色和蓝色的2根小纸条，纸条长度相同。使用胶水，将2根小纸条粘起来吧（图1）。

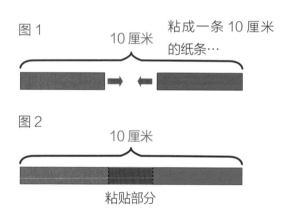

图1
10 厘米
粘成一条10厘米的纸条…

图2
10 厘米
粘贴部分

按要求粘在一起之后，这根长纸条的长度是10厘米，"粘贴部分"是2厘米。"粘贴部分"指的是，为涂抹胶水而留出的部分。

那么，红色和蓝色这2根小纸条，需要准备多长呢？

因为长纸条的长度是10厘米，所以2根小纸条的长度各是5厘米……这样的推测有漏洞哦，我们要把"粘贴部分"也考虑进去。

"粘贴部分"是2厘米，2根小纸条重合的长度也就是2厘米。解题，要从哪里入手呢？

使用图来思考问题

感到困惑的时候，画一画图来让题目变得更清晰。首先，如图

2 所示，这是粘好的长纸条
的样子。

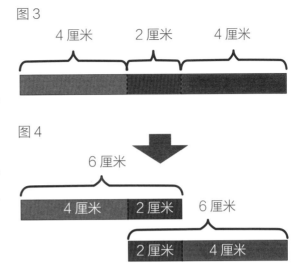

图 3

4 厘米 ⌒ 2 厘米 ⌒ 4 厘米

图 4

6 厘米

4 厘米 | 2 厘米

6 厘米

2 厘米 | 4 厘米

　　然后，如图 3 所示，
"粘贴部分"是 2 厘米，可
以标注出其他部分的长度。

　　"粘贴部分"是 2 根小
纸条重合的部分。因此，各
个纸条的长度如图 4 所示，
是 6 厘米。

改变"粘贴部分"的长度

　　当"粘贴部分"变为 3 厘
米或 4 厘米的时候，红色和蓝
色这 2 根小纸条，需要准备多
长呢？

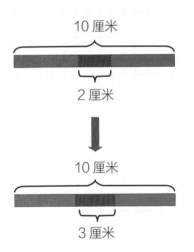

10 厘米

2 厘米

10 厘米

3 厘米

迷你便签

　　在"试一试"中，"粘贴部分"每增加 1 厘米，红色和蓝色这 2 根小
纸条就增加 5 毫米。

一共有几个正方体

福冈县田川郡川崎町立川崎小学
高濑大辅老师撰写

阅读日期 月 日 | 月 日 | 月 日

聪明的数数方法

图1 图2

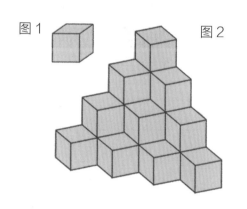

由6个完全相同的正方形围成的立体图形，叫作正方体（图1）。如图2所示，许多正方体堆成了一个漂亮的立体图形，其中一部分正方体在我们看不见的地方。那么，一共有多少个正方体？请大家认真数一数，小心遗漏或重复。

如果要一口气数完正方体，可能会出现错误。

①将立体图形分层。

②每层的数量相加。

快来试一试这个聪明的数数方法吧。

你发现规律了吗？

首先，第1层的正方体有1个。第2层的正方体比第1层多2个，一共有3个（图3）。

1-2层的正方体有：$1 + 3 = 4$。

然后，第 3 层的正方体比第 2 层多 3 个，一共有 6 个（图 4）。

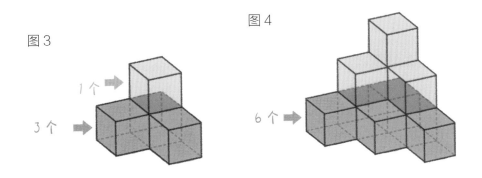

图 3

图 4

1 个

3 个

6 个

1-3 层的正方体有：1 + 3 + 6 = 10。

列式

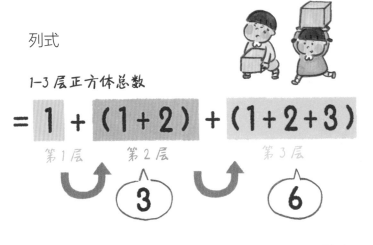

1-3 层正方体总数

= 1 + （1 + 2）+ （1 + 2 + 3）

第 1 层　　第 2 层　　　　第 3 层

3

6

如左侧算式所示，你一定发现每一层正方体个数的规律了吧。第 4 层的正方体会比第 3 层多 4 个。因此，1-4 层的正方体有：1 + 3 + 6 + （6 + 4）= 20。这个漂亮的立体图形，一共由 20 个正方体组成。

接下来，不管再增加几层正方体，我们都可以计算出正方体的总数。面对复杂问题的时候，我们可以从小的和简单的地方开始思考，这样有助于解决问题，发现规律。

迷你便签

假设层数不断增加，用这种方法来算一算正方体的总数吧。

测量中的数学

怎么决定的？ "秒"的诞生

东京学艺大学附属小学
高桥丈夫老师撰写

阅读日期   月 日   月 日   月 日

一天有多少秒？一年有多少秒？

你知道时间单位"秒"是怎样诞生的吗？

我们知道，一天有 24 小时，1 小时有 60 分，1 分钟有 60 秒。$60 \times 60 \times 24 = 86400$，进行计算之后，可以知道一天里有 86400 秒。

以一年 365 天为计，$86400 \times 365 = 31536000$，一年有 31536000 秒。

1 年 = 31536000 秒

※ 以一年 365 天为计

"秒"正是由一年的时间来决定的。

地球绕太阳公转一周所需要的时间，就是"地球公转周期"。地球绕太阳公转一周的时间除以 31536000，就是 1 秒。

与地球公转息息相关

实际上，地球绕太阳公转一周所需要的"地球公转周期"，是略微超过 365 日的。20 世纪 90 年代后期，国际上将 1 秒确定为"地球公转周期除以 31556925.9747"。后来，人们通过 12 台铯原子钟这种极为精密的计时器具，确定了 1 秒的时间。

与长度单位m（米）、重量单位 kg（千克）一样，秒也是以地球为基准而确定的单位（见 3 月 5 日、6 月 12 日）。

最开始，1 秒被确定为"地球自转周期除以 86400"。后来，人们发现地球的自转周期一直在变化，于是将基准改为地球公转周期。

计算中的数学

捉弄人的乘法表——找回消失的数

神奈川县川崎市立土桥小学
山本直老师撰写

| 阅读日期 | 月 日 | 月 日 | 月 日 |

9月
29日

九九乘法表

如下图所示，这是一个9×9的数字乘法表。不过这个表格可能在捉弄我们，有许多数字消失得无影无踪。我们要做的，就是慢慢找回它们，把这个表格恢复成最初的样貌。做好挑战的准备了吗？

找回消失的数

消失的数，应该如何找回呢？首先，我们从 A 行开始。因为 A 行 8 列的数字是 64，□ ×8 = 64，8×8 = 64，所以可得 A 是 8。

继续完成 A 行，8×"H" = 16，可得 H 是 2；8×"O" = 56，可得 O 是 7。

然后，通过"H"得出"E"，通过"E"又得出"J"……表格慢慢被数字填满。其中，"G"×"I" = 25，5×5 = 25，所以"G"和"I"都是 5。

发现一个结果，通过结果又有了新的发现。在找回数字的过程中，真是不亦乐乎。

按照表格的绘制方法，可以制作出许多游戏表格。大家可以自己做，自己找，自己填。

谁先落地？物体的下降

熊本县熊本市立池上小学

藤本邦昭 老师撰写

同一地点落下……

身边有 1 个垒球和 1 个同等大小的铁球（10 千克）。把 2 个球同时从三楼窗户扔下去（图 1）。

哪一个球会率先落地？是垒球？还是铁球？

有的小伙伴小脑瓜子一转：铁球的重量大，所以速度快会首先落地。真的是这样吗？来验证一下。

图 1

同一时刻着地

结果，2 个球居然是同一时刻落地。也就是说，体重不同的物体，在相同高度向下坠落，下降速度相同。

物体下降速度 = 9.8× 时间（秒）。

下降 10 秒后，物体的下降速度达到 98 米 / 秒，即 1 秒内下落 98 米。

仔细观察这条物体下降速度公式，可以发现并没有涉及物体的质量（重量）。因此，不考虑空气阻力的话，不同物体在相同高度同时下落，会同时落地。

真是不可思议。

如果从东京天空树向下……

除了物体下降速度，物体下降距离也有相应的公式。

【物体下降距离
=4.9×时间×时间】

天空树最高点离地面的距离是634米。如果从最高点落下1个垒球（不考虑风力影响），经过公式的计算，可以知道约11秒后球落地。

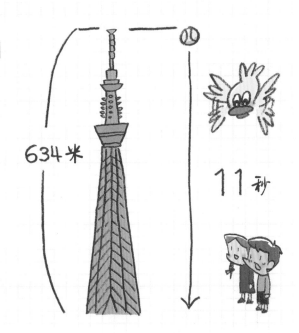

634米

11秒

体验很重要，不过可不要从窗户向外扔东西，以免造成危险。大家需要在家人的陪伴下，进行实验。

69

在这个照相馆里，我们会给大家分享一些与数学相关的、与众不同的照片。

带你走进意料之外的数学世界，品味数学之趣、数学之美。

沉入水底的神奇冰块

◎（图1）摄影／村上幸人

这个液体不是水？

请观察图 1，冰块沉在水杯里。回想一下红茶或果汁加冰的场景，冰块明明都是浮在水面的呀。难道照片上的冰块是特制的？不对，其实水杯中的液体不是水，而是色拉油。

物体有"轻""重"之分，决定这个性质的是物体的密度。水的密度是 1 克 / 立方厘米，以此为基准，进行比较。冰块的密度大约是 0.92 克 / 立方厘米，小于水。色拉油的密度大约是 0.91 克 / 立方厘米，又小于冰块。因此，才会出现照片上的情景。

◉ 图 2　供图 / 细水保宏

◆ 因为海水中有盐分，所以密度比淡水要大，而人体受到的浮力也更大。游客们悠闲地仰卧在死海上，一边看画报，一边随波漂浮。